U0239397

In case of loss, plesase return to:

“维纳斯特东”桃

“佛罗伦萨”甜樱桃

“黄柏菲”桃

“大贵族”桃

“莫雷洛”酸樱桃

“红玛格达莱妮”桃

“肯特毕加罗”甜樱桃

Oct.

Nov.

Dec.

July.

Aug.

Sept.

Apr.

May.

June.

Jan.

Feb.

Mar.

小堂深静无人到，

满院春风。

惆怅墙东，

一树樱桃带雨红。

——唐·冯延巳

水果笔记 樱·桃

start . .

end . .

图书在版编目（CIP）数据

水果笔记. 樱·桃 / 涵芬楼文化编辑部编著. —
北京：商务印书馆, 2018
ISBN 978 - 7 - 100 - 15622 - 6

Ⅰ. ①水… Ⅱ. ①涵… Ⅲ. ①水果—图集
Ⅳ. ①S66-64

中国版本图书馆CIP数据核字（2017）第296648号

樱·桃

涵芬楼文化编辑部 编著

商 务 印 书 馆 出 版
（北京王府井大街36号 邮政编码 100710）
商 务 印 书 馆 发 行
山东临沂新华印刷物流集团印刷
ISBN 978 - 7 - 100 - 15622 - 6

2018年2月第1版　　开本 787×1092 1/32
2018年2月第1次印刷　　印张 7

定价：60.00元